海洋动物大探秘

海底小纵队

英国 Vampire Squid Productions 有限公司 / 著绘

海豚传媒 / 编

海洋精灵

长江出版传媒 | 长江少年儿童出版社

U0312168

LET'S GO

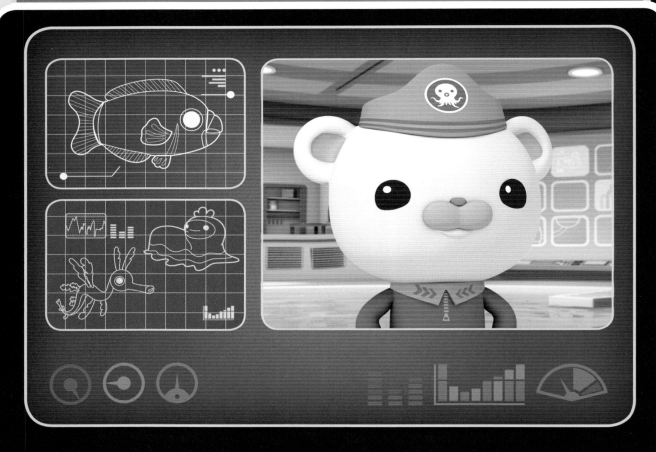

亲爱的小朋友，我是巴克队长！欢迎乘坐章鱼堡，开启美妙的探险之旅。

这次我们将要邂逅海洋中的九位**小精灵**，你准备好了吗？

现在，一起出发吧！

目　录

EXPLORE . RESCUE . PROTECT

海底档案

名称：鹦嘴鱼

体长：可达90厘米

分布：热带和亚热带珊
　　　瑚礁海域

食物：海藻、珊瑚

爱吃珊瑚的鱼
鹦嘴鱼

鹦嘴鱼又叫鹦鹉鱼、鹦哥鱼，是生活在珊瑚礁中的一种热带鱼。因为其颜色像鹦鹉一样艳丽，再加上嘴型酷似鹦鹉的嘴型，所以得名鹦嘴鱼。

鹦嘴鱼种类繁多，不同的品种色彩不一，外表也大不相同。有些鹦嘴鱼还会变色。海底小纵队就曾遇到过一条会变色的鹦嘴鱼。

巴克队长：
"这条鹦嘴鱼真像一只可爱的鹦鹉！"

鹦嘴鱼喜欢吃海藻，它们对珊瑚礁的健康成长贡献巨大。因为鹦嘴鱼一天中 90% 的时间都在吃依附在珊瑚上的海藻，这为珊瑚创建了适宜的生长环境。

有些鹦嘴鱼在睡觉前会从嘴里分泌出黏稠的"丝"，把自己包裹起来。这有助于隔绝它们的气味，防止掠食者发现自己。

鹦嘴鱼也会啃食珊瑚，然后把消化不了的珊瑚碎屑排出来。所以珊瑚礁上甚至附近海滩上的多数沙子，其实是鹦嘴鱼的排泄物。

悄悄告诉你

鹦嘴鱼攻击性很强，它们喜欢追逐、驱赶别的鱼类。

同一品种的鹦嘴鱼中，雌性与雄性在外表上差异很大，幼鱼与成年鱼也大不相同。

鹦嘴鱼观赏价值高，它们的嘴巴呈倒三角形，看起来就像在笑一样。

**** 鹦嘴鱼 ****
# 海底报告

鹦嘴鱼变色有一套
红黄蓝绿真美好
吐出气泡藏味道
远离海鳗真奇妙
除此之外你要知道
它们小嘴巴，就像一只鸟

答：鹦嘴鱼喜欢吃海藻和珊瑚。

海底档案

名称：叶海龙

本领：伪装

分布：澳大利亚南部
　　　及西部海域

寿命：7~10年

会生娃娃的爸爸
叶海龙

叶海龙善于伪装。它的身体瘦小细长，体表生有许多像海藻一样的附肢。呱唧就曾将叶海龙误认为海藻，差点儿把两只叶海龙做成海藻汤！

叶海龙的游泳能力极弱，游动速度与陆地上蜗牛的爬行速度相差无几，所以很容易被水流卷走。

谢灵通：

"到底哪片海藻才是叶海龙呢？"

叶海龙主要栖息在隐蔽性较好的礁石海区，以及海藻丛生的近海水域中。一只叶海龙无法在远海存活下去，因为无处藏身。

叶海龙没有牙齿和胃，主要靠体内的酶消化食物。它们长长的嘴像吸管一样，进食时会吸入海水，把糠虾、海虱等小型海洋生物吸进肚子里。

>>>>> 海星问答区 >>>>> 问：叶海龙由爸爸还是妈妈来生宝宝？

每年 8 月到隔年 3 月是叶海龙的繁殖季节。与海马相同,叶海龙也由雄性负责受孕、孵化后代,孵化期平均为 6~8 周。

悄悄告诉你

叶海龙游动时的姿态很美,因此它被称为"世界上最优雅的泳客"。

≫

叶海龙的形态、生活习性还有食物喜好都与海马很相似。

≫

叶海龙有很强的方向感,可以游到 100 米之外的地方,并准确地返回到原先的地点。

**** 叶海龙 ****
海底报告

叶海龙呀长得小
游动起来笨手脚
喜爱躲藏钻海藻
融入海藻找不到
饿了出来把食找
一张长嘴巴,吸食真有效

答:像海马一样,叶海龙也由爸爸来负责受孕和孵化后代。

海底档案

名称：密斑刺鲀

体长：可达90厘米

本领：能变成刺球

食物：底栖动物

危险的刺球
密斑刺鲀

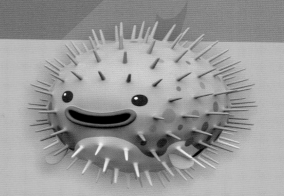

密斑刺鲀体短且宽，全身除了腹面及鳍上，各处都有许多黑色的小圆斑。除了嘴部和尾柄末端，它的鳞片都演化成了又粗又长的硬刺。

密斑刺鲀遇到危险的时候会大口地吸入海水，身体鼓成一个球，身上的棘刺也会竖起来，变成一个刺球，使得敌人无法靠近。

呱唧：

"有了这些尖刺，大鱼们想吃它就没那么容易了！"

密斑刺鲀体内含有大名鼎鼎的河鲀毒素。河鲀毒素是自然界中所发现的一种毒性超强的神经毒素。这也让普通捕食者不得不对它们敬而远之。

待险情解除，密斑刺鲀会把吞进去的海水吐出来。很快，它的身体便会恢复原样。但如果一只密斑刺鲀长时间过度膨胀而无法恢复，那它很有可能会死去。

密斑刺鲀性情温和，游速缓慢。但它可膨胀的身体、致命的毒素以及可怕的棘刺，让它鲜有天敌。不过人类的渔网却可能成为它的新敌人。

**** 密斑刺鲀 ****

海底报告

密斑刺鲀个头小
害怕时就变泡泡
鱼儿见它就逃跑
被刺扎到受不了
它们味道不太好
密斑刺鲀有毒不能咬

悄悄告诉你

密斑刺鲀主要分布于全球各热带海域。

密斑刺鲀的两只眼睛很大，而且可以同时朝不同的方向看。

密斑刺鲀上下颌的两排牙齿演化成为两块发达的齿板，看上去如同两颗大门牙。

答：密斑刺鲀会变成一个刺球，吓跑敌人！

海底清洁工
引水鱼

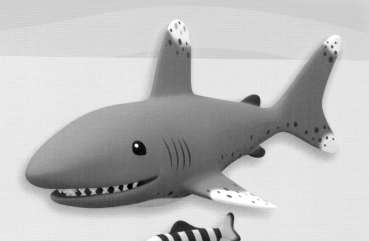

引水鱼又叫舟师鱼、领航鱼。成年引水鱼体长为 60~70 厘米，它们的身体黑白相间，从鳃侧开始共有 5~7 条黑色的竖条纹。

引水鱼广泛分布于暖温带和热带海域。在幼鱼时期，它们常会与水母、海藻共生；成年后则与鲨鱼、海龟等共游。

皮医生：

"我的小乖乖啊！这些小家伙居然不怕鲨鱼！"

引水鱼是海底生物的清洁助手，它们以吃其他海洋生物身上的寄生虫或漏掉的残渣碎肉为生。因此对其他生物而言，引水鱼可以帮助它们清理身体。

引水鱼与许多生物都存在共生关系，比如海龟、令人闻风丧胆的海中霸王鲨鱼。引水鱼帮鲨鱼清洁牙齿，鲨鱼则为它提供食物，赶走敌人。

引水鱼经常成群地游在鲨鱼前面。一条小引水鱼甚至可以游进鲨鱼的嘴里，小口地吃它牙齿之间的食物。

悄悄告诉你

引水鱼身上的黑色条纹在它兴奋时会有暂时性的变化。

≫

引水鱼有时也会跟随船只活动。

≫

在我国，引水鱼大多分布于东海、南海及台湾。

**** 引水鱼 ****
海底报告

引水鱼们爱干净
吃脏东西很高兴
跟着鲨鱼海里游
不让污物四处留
鲨鱼刷牙好助手
鲨鱼引水鱼，一对好朋友

答：引水鱼帮鲨鱼清洁牙齿，鲨鱼为它提供食物，赶走敌人。

海底档案

名称：海獭

特征：最小的海洋哺乳动物

食物：海胆、螃蟹、贝类等

分布：北太平洋的寒冷海域

海底森林卫士
海獭

海獭是海洋中最小的哺乳动物。大多数时间里，它们不是仰着浮在水面上，就是潜到海床觅食，连生产和抚育幼崽也都在水中进行。

海獭身上长有厚厚的皮毛，同时皮毛上还有一层油脂，即使在深水里水也渗不进去。海獭会常常整理自己的皮毛，以保证其清洁与防水性。

巴克队长：
"为什么海獭能长时间地漂浮在海面上呢？"

海獭们睡觉时会将海藻缠绕在身上，或者用前肢抓住海藻，有时还会和同伴手拉着手，以免在沉睡中被海浪冲走或沉入海底。

海獭喜欢吃海胆，这对维护生态平衡有大作用。因为海胆喜欢吃海藻，如果没有海獭的捕食，那么所有的海藻都会被海胆吃光，海洋生态会遭到严重破坏。

海獭以善于使用工具而出名。它们懂得用随身携带的石头敲碎海胆坚硬的壳，美餐一顿后，海獭会把石头保存起来，以备下次再用。

**** 海 獭 ****
# 海底报告

海獭妈妈不一般
教会孩子海中潜
关键物种帮大忙
海藻林里吃海胆
海獭睡姿很特别
紧抓住海藻，睡觉保安全

悄悄告诉你

海獭擅长潜水，有时甚至能潜到 50 米深的海底寻找食物。

海獭食量很大，通常一天所吃食物的重量达到了自身体重的三分之一。

由于人类活动的影响，海獭的数量锐减，是世界濒危动物之一。

答：它们拉着手是为了防止被海浪冲散或沉入海底。

海底档案

名称：海绵

特征：共栖、滤食

食物：微小藻类、动植物
碎屑等

分布：全世界各海域，少
数生活在淡水里

海绵

小萝卜在海底发现了一只海绵。其实，生活在海里的海绵才是真正的海绵。大家日常生活中所用的海绵只是人造海绵，是仿造真正海绵的结构做成的。

呱唧：

"我的老天爷啊！海绵已经在地球上生存这么久了！"

海绵是最原始、结构最简单的多细胞生物，2亿年前，甚至更早就已经生活在海洋里。科学家还曾发现过一块6亿多年前的海绵化石。

因为海绵看上去像植物，而且不会移动，所以18世纪以前被当作植物。海绵的种类众多，现存约有1万多种。各种海绵的颜色、大小、形态都千差万别。

海绵就像一个过滤器。它浑身有许多小孔，水一刻不停地从小孔中流过，其中的氧气和养料被海绵吸收，而废物又随着水流排出体外。

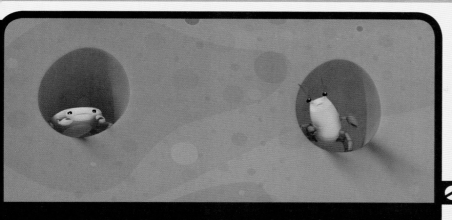

海绵体内的小孔还给许多小动物提供了安全的居所，它们或长期或暂时地住在海绵体内。这并不会伤害到海绵，不过海绵也无法从它们那儿得到什么好处。

悄悄告诉你

海绵的寿命非常长，据说在深海的一些种类寿命可达上千年。

海绵的颜色各不相同，主要是因为它们体内有不同种类的海藻与之共生。

海绵能再生，因为它的细胞具有极强的聚合能力和识别能力。

**** 海 绵 ****
海底报告

海绵身上客人多
把海绵当做安乐窝
小生物们里边住
有的吃来有的喝
这种现象叫共栖
大家住一起，共栖欢乐多

答：因为海绵体内居住着许多小动物。

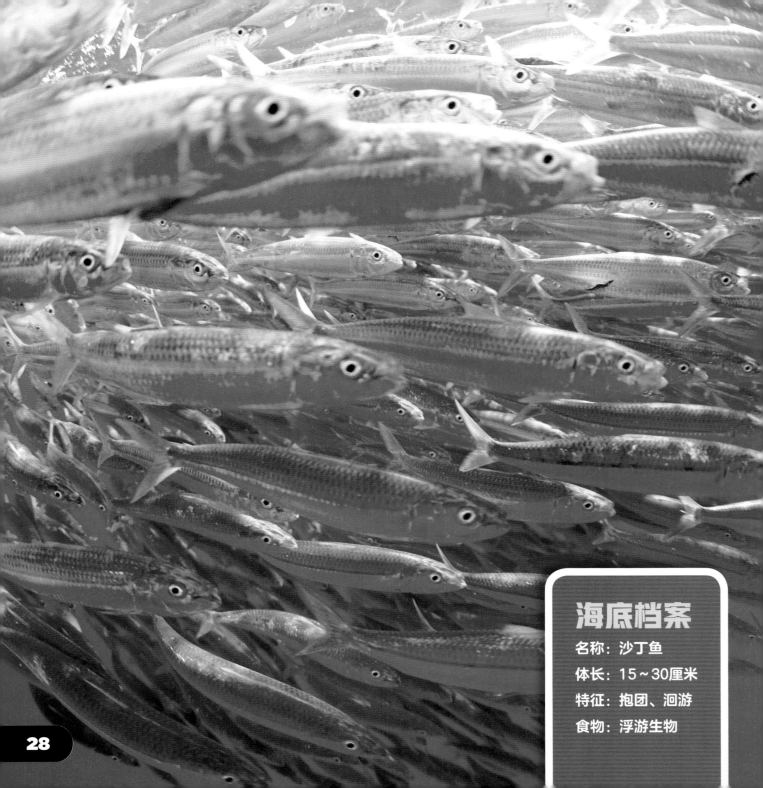

海底档案

名称：沙丁鱼

体长：15～30厘米

特征：抱团、洄游

食物：浮游生物

鱼群风暴
沙丁鱼

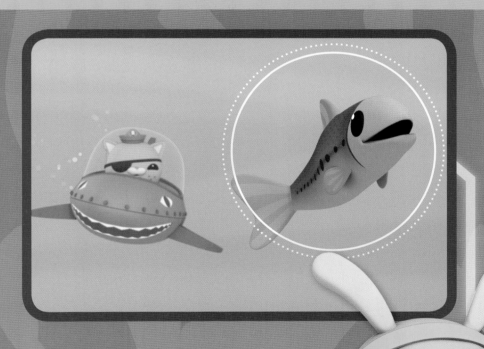

呱唧遇到了一条落单的沙丁鱼。沙丁鱼是一种细长的银色小鱼，只有一个背鳍。沙丁鱼具有生长快、繁殖力强的特点，是世界重要的海洋经济鱼类。

沙丁鱼常常成群结队地活动，它们之所以能保持队形一致，是因为沙丁鱼外皮上的鳞片能够帮助它们感知到周围的沙丁鱼。

突突兔：

"一条沙丁鱼很弱小，但它们团结起来就不一样啦！"

抱团是沙丁鱼保护自己的一种方式，因为它们在海洋食物链中处于相对较低的位置。一旦遇到捕食者，沙丁鱼群会竖起防御屏障，改变队形，迷惑敌人。

沙丁鱼跟许多鱼一样，会吞下空气来保持漂浮状态。当它们需要下沉的时候，就会通过打嗝来把空气排出。海底小纵队就曾通过打嗝声找到了沙丁鱼群。

>>>>>海星问答区>>>>> 问：沙丁鱼为什么能保持队形一致？

沙丁鱼有集群洄游的习性。每年 5 月到 7 月间，数以十亿计的沙丁鱼会从非洲最南端向北迁徙，一路上它们会遇到众多捕食者的袭击。

悄悄告诉你

沙丁鱼为近海暖水性鱼类，一般不见于远海。

≫

沙丁鱼常拥挤在一起而静止不动，死亡率很高，但在鱼群中放入一条鲇鱼，死亡率会降低很多。

≫

沙丁鱼通常栖息于中上层海域，但秋、冬季表层水温较低时则栖息于较深海域。

**** 沙丁鱼 ****
海底报告

沙丁鱼们小又小
鱼群力量可不小
它们吞下空气去
再打嗝吐出再沉下去
它们结伴为安全
结伴一起游，路线来回转

答：因为沙丁鱼外皮上的鳞片能够帮助它们感知到周围的沙丁鱼。

海底档案

名称：海参

体长：20～40厘米

分布：印度洋和西太平洋等

食物：藻类和浮游生物

神奇的夏眠
海参

巴克队长遇到了一只被石头砸伤的海参，它就像一块粉色布丁，浑身都是滑溜溜的黏液。海参是一种棘皮动物，在地球上已经生存了6亿多年。

海参不怕冷，但它们怕热，只要温度稍高，海参就难以忍受。当水温超过30℃时，海参很有可能会死去。

皮医生：

"小滑溜，别害怕，我会把你治好的。"

海参有夏眠的习惯。夏至水暖的时候，浮游生物上浮至海面进行繁殖，生活在海底的海参便失去了食物，只好进入夏眠状态。这是海参为适应环境养成的习惯。

海参还有一种神奇的本领，当它离开海水后，很快会自动分泌出一种自溶酶，几个小时后便自行化作一滩水而消失。

海参深居海底，不会游泳，只能靠管足和肌肉的伸缩在海底蠕动爬行。它的爬行速度相当缓慢，一小时移动距离不足 3 米。

悄悄告诉你

海参在进入夏眠前，会将内脏全部吐出。

⌄

将一个海参切成两半扔回海里，它们会长成两个新海参。

⌄

海参能随着生活环境的变化而改变体色，这可以帮助它们躲过天敌的伤害。

**** 海 参 ****
海底报告

滑海参呀滑溜溜
滑来滑去海底四处游
身体柔软像泥鳅
总是扭扭停停再扭
滑海参在海底来回滑溜
只要有水就能乐悠悠

答：海参会分泌出一种自溶酶，最终化作一滩水。

会移动的红色石头
红石蟹

红石蟹是美洲西海岸常见的一种螃蟹。它们生活在墨西哥、中美洲、南美洲的太平洋沿岸及附近岛屿，比如有名的加拉帕戈斯群岛。

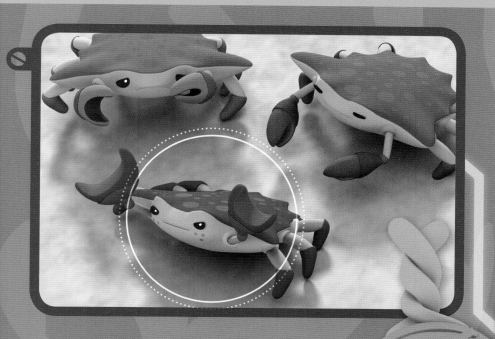

红石蟹的身体呈圆形，未成年的红石蟹是黑色或深褐色的，直到成年以后才会变成红色，有些还会有黄色斑点。

突突兔：

"红石蟹的外壳真漂亮，像红宝石一样！"

红石蟹身手敏捷，移动速度很快，还有出色的弹跳力。它们正是靠这些躲过捕食者的追击。海底小纵队想把它们抓起来，送它们回家，结果一只都没抓到！

红石蟹的警惕性很高，遇到危险时会喷水，这是它们保护自己的一种手段。呱唧悄悄靠近一只红石蟹，想用网扣住它，结果被喷了一脸的水！

红石蟹与海鬣蜥是共生关系。红石蟹们喜欢爬到海鬣蜥的身上，吃它们背上的黏液，这既填饱了红石蟹的肚子，又清理了海鬣蜥的身体。

悄悄告诉你

红石蟹的颜色比煮熟了的普通螃蟹还要红。

❯❯

红石蟹不像其他的螃蟹只能横向移动，它们可以360°随意行走，非常灵活。

❯❯

红石蟹经常与海鸟、海鬣蜥及海豹栖息在海边的石头上。

**** 红石蟹 ****
海底报告

红石蟹喜欢岩石滩
住在加拉帕戈斯岛上面
帮海鬣蜥清理黏液
正好自己也能吃大餐
如果你想靠近红石蟹
它们会喷水，然后就逃窜

答：红石蟹会向敌人喷水，然后快速地逃走。

海底小纵队·海洋动物大探秘. 海洋精灵 / 海豚传媒编. —— 武汉：长江少年儿童出版社，2018.11
ISBN 978-7-5560-8692-4

Ⅰ.①海… Ⅱ.①海… Ⅲ.①水生动物－海洋生物－儿童读物 Ⅳ.① Q958.885.3-49

中国版本图书馆 CIP 数据核字 (2018) 第 154534 号

海洋精灵

海豚传媒 / 编

责任编辑 / 王　炯　　张玉洁　　谭　佩
装帧设计 / 刘芳苇　　美术编辑 / 周艺霖
出版发行 / 长江少年儿童出版社
经　　销 / 全国新华书店
印　　刷 / 江西华奥印务有限责任公司
开　　本 / 889×1194　1 / 20　2印张
版　　次 / 2018年11月第1版第1次印刷
书　　号 / ISBN 978-7-5560-8692-4
定　　价 / 15.90元

本故事由英国Vampire Squid Productions 有限公司出品的动画节目所衍生，
OCTONAUTS动画由Meomi公司的原创故事改编。

OCTONAUTS™ OCTOPOD™ Meomi Design Inc.
OCTONAUTS Copyright © 2019 Vampire Squid Productions Ltd,
a member of the Silvergate Media group of companies. All rights reserved.

策　　划 / 海豚传媒股份有限公司
网　　址 / www.dolphinmedia.cn　　邮　　箱 / dolphinmedia@vip.163.com
阅读咨询热线 / 027-87391723　　销售热线 / 027-87396822
海豚传媒常年法律顾问 / 湖北珞珈律师事务所　　王清　027-68754966-227